Michael Lang · Nina Schenk

MATHEBUS

Linie G – Geometrie

2

VERITAS
Lernen verbindet uns

INHALTSVERZEICHNIS

INHALTSVERZEICHNIS

INHALTSVERZEICHNIS

Beschreiben, vergleichen, begründen

Gut nachdenken! Knifflige Aufgabe

Legen, bauen, falten

Forschungsauftrag

Partner- oder Gruppenarbeit

Ins Heft schreiben

Selbst Aufgaben erfinden

1 Male die Figuren in verschiedenen Farben an und zähle die Kästchen.

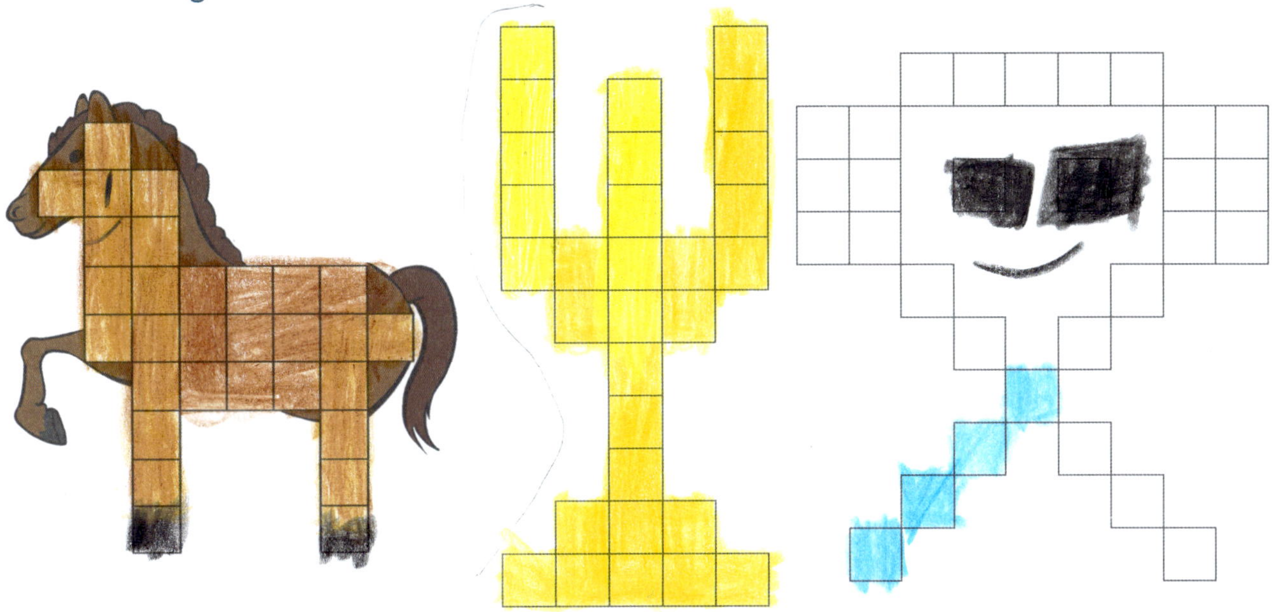

Es sind immer ☐ Kästchen.

2 Setze das Muster fort.

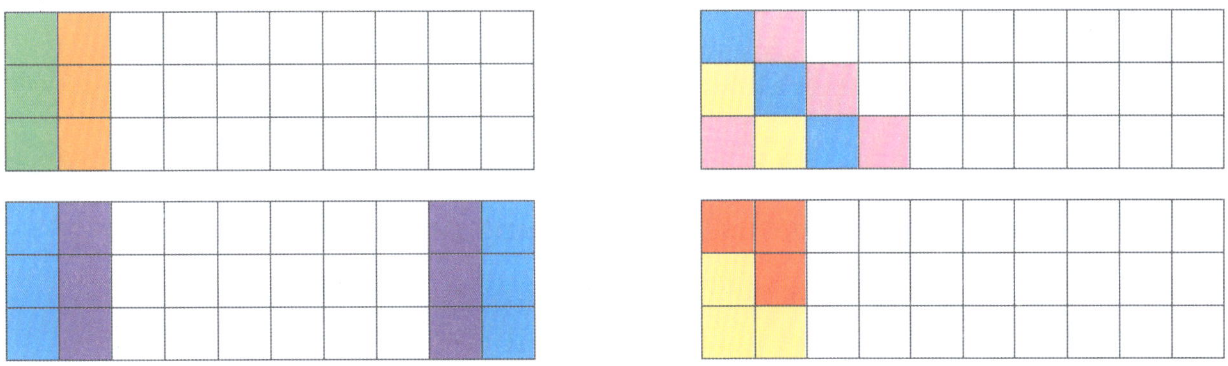

3 Male immer nur 30 Kästchen an. Vergleiche mit anderen Kindern.

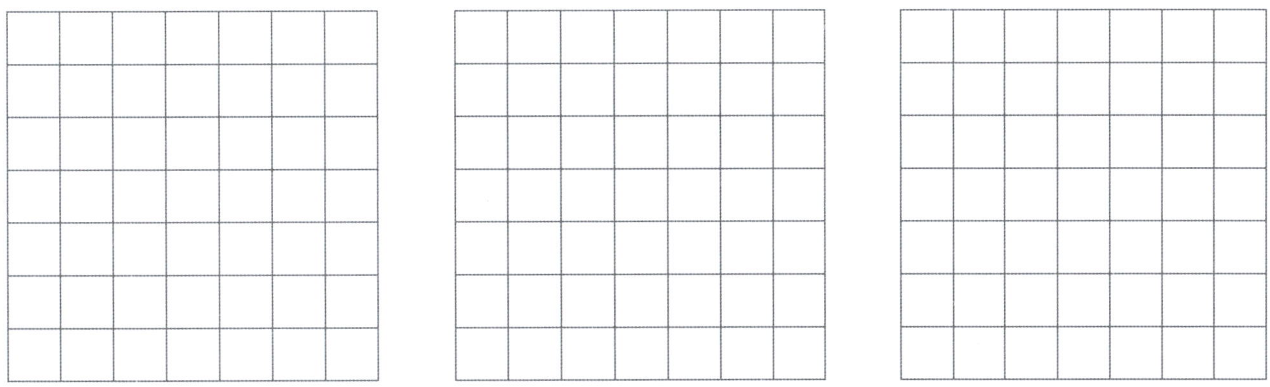

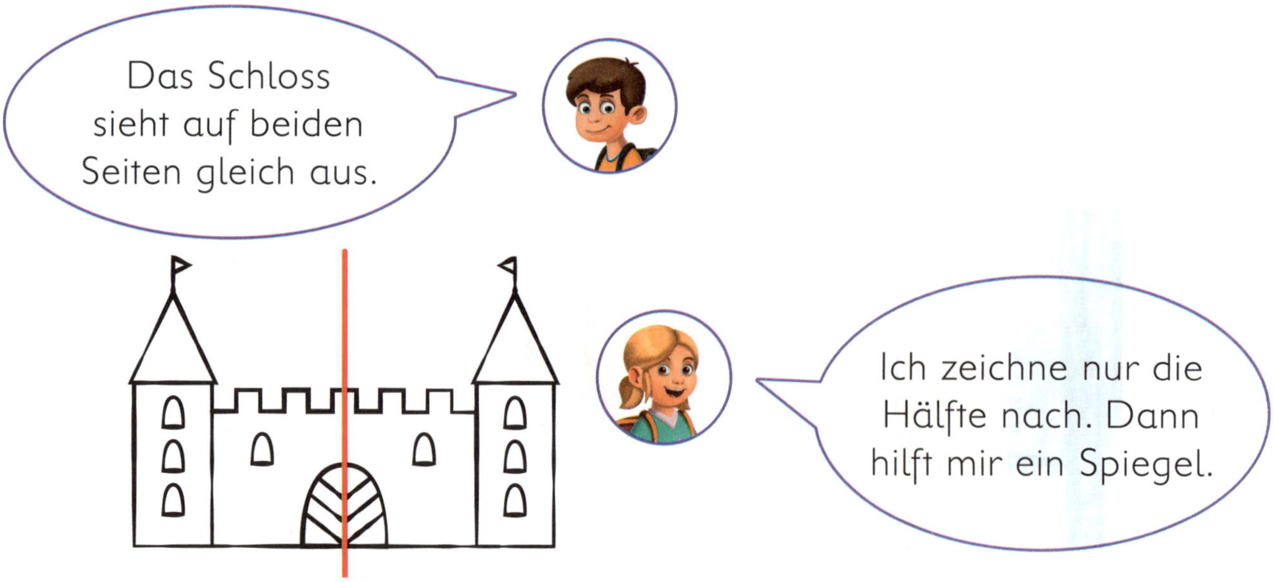

1 Falte, zeichne und schneide aus. Stelle selbst Faltschnitte her.

2 Falte je ein großes Blatt Papier zweimal. Schneide die Form aus.
Wie sieht der Scherenschnitt aus? Zeichne und beschreibe.

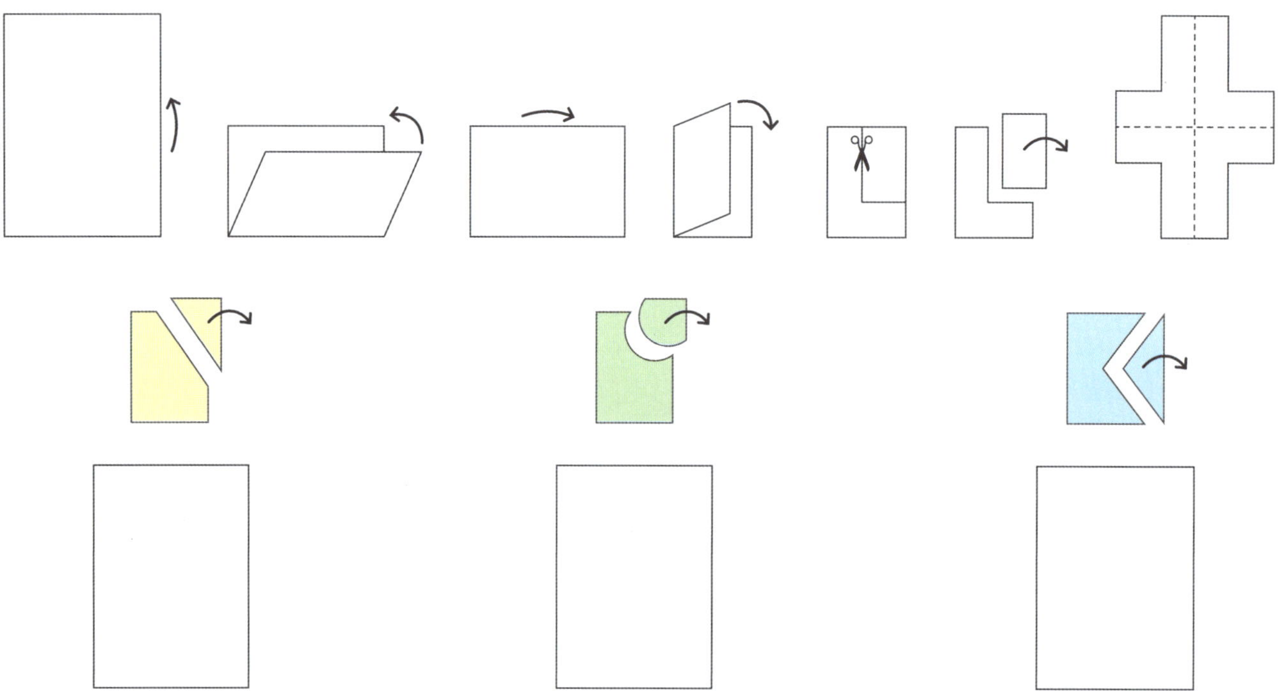

1 Experimentiere wie Bella mit einem Spiegel. Lege ihn an verschiedenen Stellen der Figur an. Welche Möglichkeiten findest du?

Durch einen Spiegel erscheint das Bild symmetrisch.

2 Zeichne das Spiegelbild. Überprüfe mit einem Spiegel.

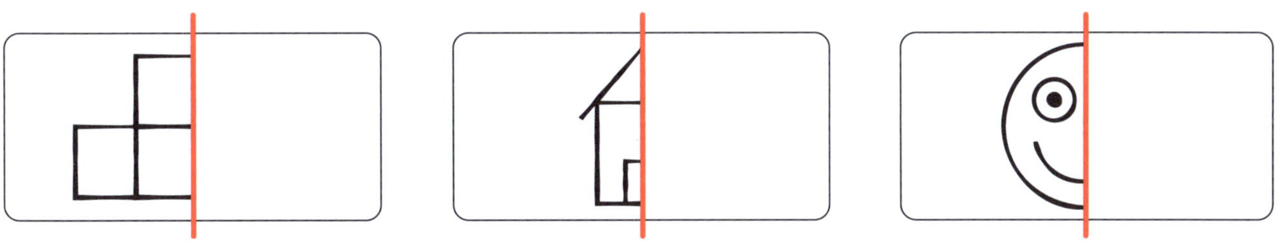

3 Welche Bilder sind spiegelgleich? Kreuze an.

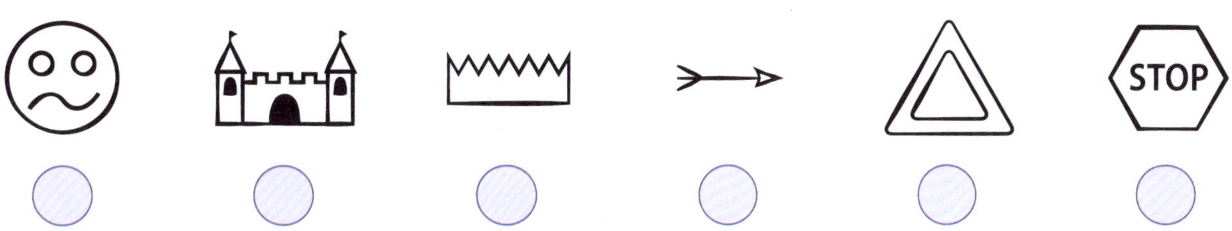

1 Was siehst du mit dem Spiegel? Vervollständige die Wörter.

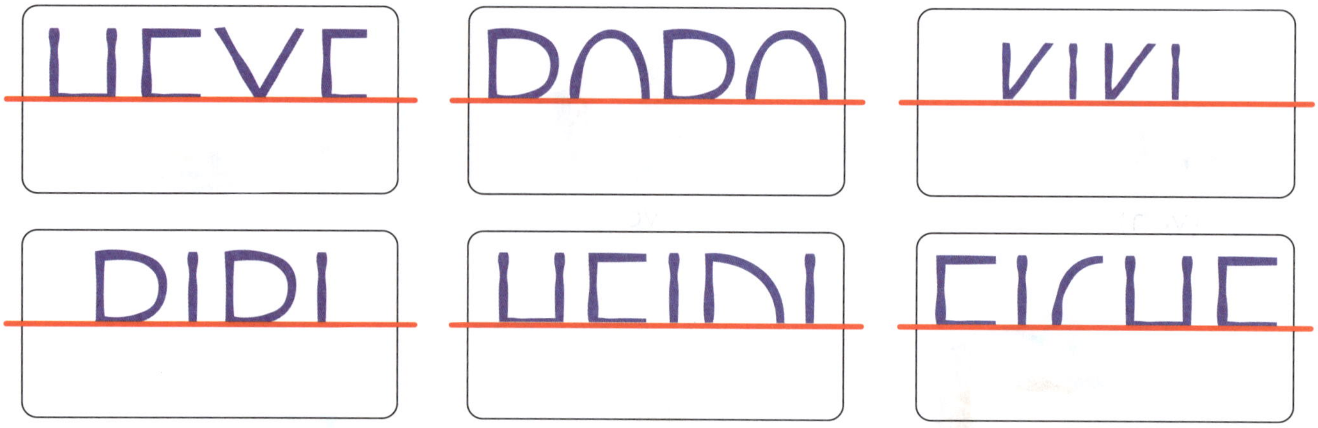

2 Spiegle das Muster und male die Kästchen an.

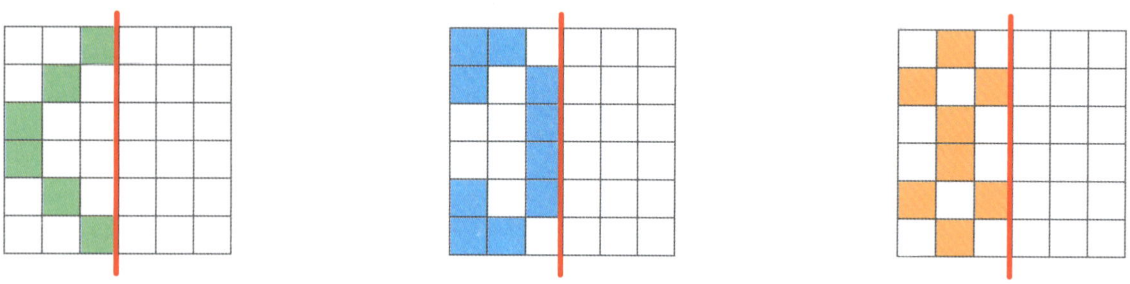

3 Zeichne das Spiegelbild und finde selbst eine Figur.

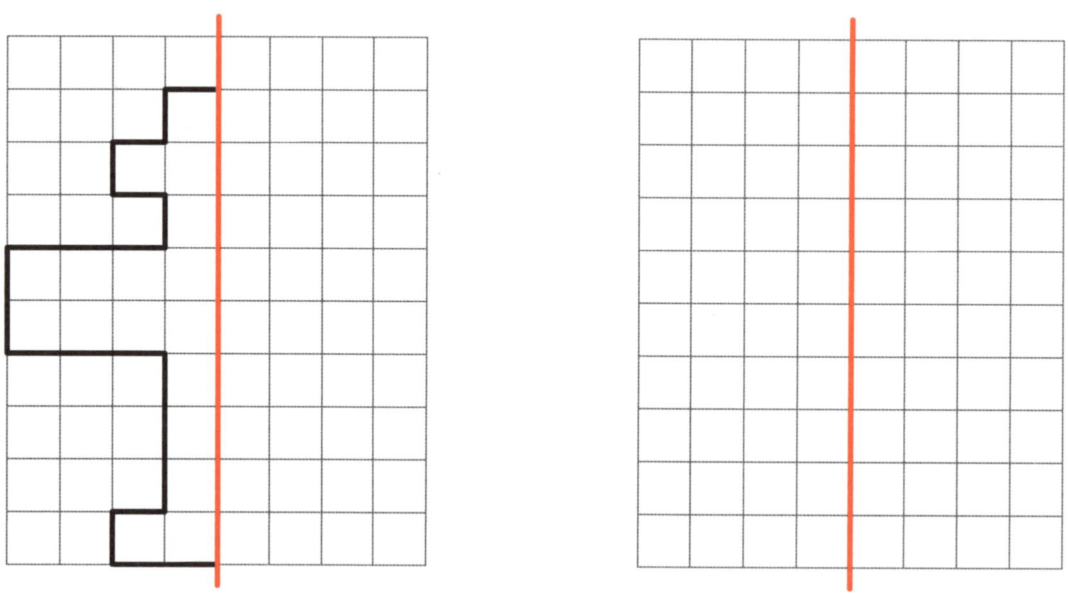

1 Schau genau. Wo liegt der Ball? Beschreibe.

links (von) | rechts (von) | vor | hinter | ober(halb) / über

in(nen) / innerhalb | außen / außerhalb | zwischen | neben | unter(halb)

2 Wo findest du …? Beschreibe.

3 Richtig oder falsch? Kreuze an.

	richtig	falsch
Die Hängematte hängt zwischen den Bäumen.	✗	
Das türkise Haus steht hinter dem Zaun.		
Der Fußball liegt unter dem Klettergerüst.		
Der Kübel steht links von der Sandkiste.		
Der gelbe Reifen liegt neben dem grünen Reifen.		
Das Flugzeug fliegt über dem Spielplatz.		
Die Bücher befinden sich vor dem lesenden Kind.		

1 Führt euch gegenseitig durch die Klasse.
Sagt den Weg an.

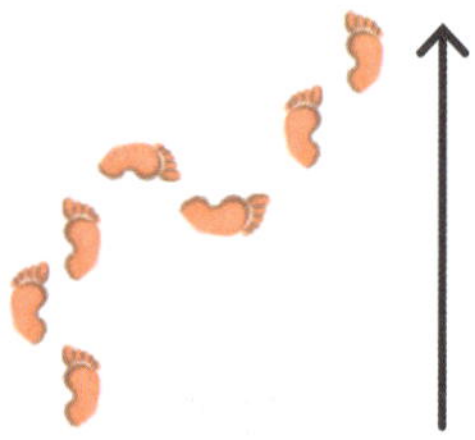

↑ 2	„2 Schritte nach vor“
→ 2	„2 Schritte nach rechts“
↑ 3	„3 Schritte nach vor“

2 Welches Kind ist welchen Weg gegangen?
Schreibe die Namen auf.

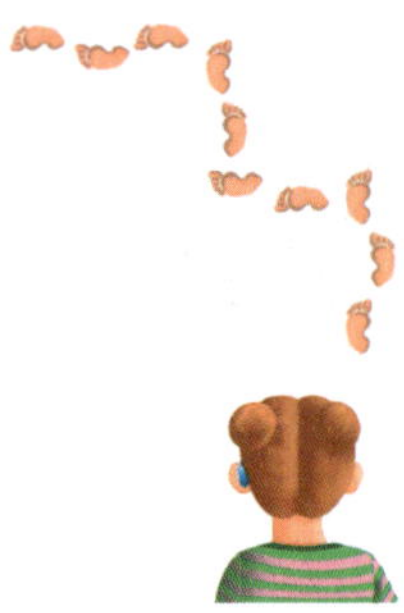
Sandra

Mirko

Anna

Stefan

← 3	← 2	← 3	→ 2
↑ 2	↑ 1	↑ 2	↓ 2
→ 1	← 2	← 2	→ 3
↑ 3	↑ 2	↑ 3	↑ 2

M ______ ______ ______ ______

3 Überlege dir selbst einen Weg und schreibe in dein Heft.
Du kannst auch zeichnen.

1 Schreibe den schnellsten Weg zu den Farbfeldern in die Tabelle.

↑ 3
→ 3
↑ 3

2 Gehe die angegebenen Wege ab.
Zeichne das Obst an die richtige Stelle im Labyrinth.
Schreibe einen eigenen Weg und zeichne das Symbol ins Labyrinth.

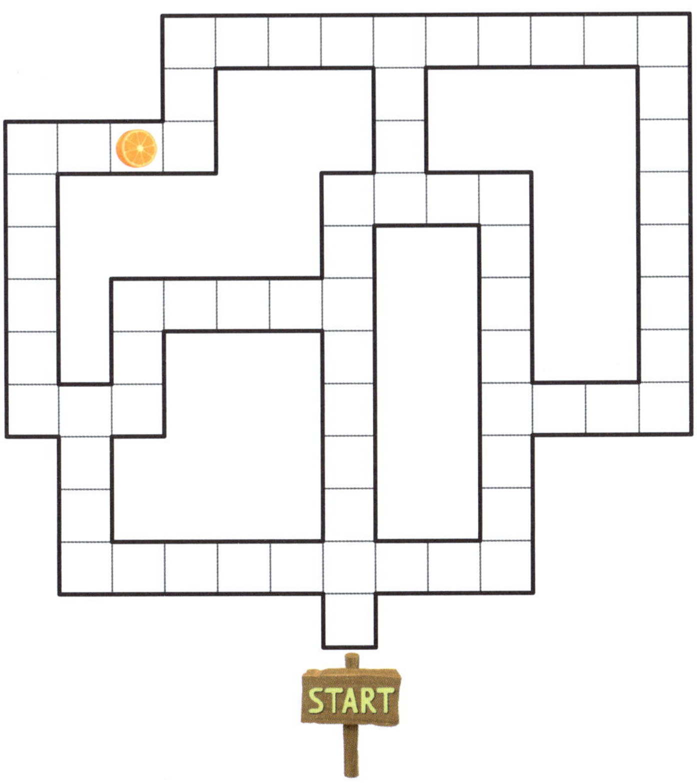

→ 2
↑ 5
← 1
↑ 3
← 5
↑ 2

← 1
↓ 7
→ 5
↑ 3
→ 1
↑ 9

← 3
↓ 2
← 3
↑ 7
→ 3
↑ 2

1 Zeige deinem Partnerkind den Weg auf dem Plan.

Bella möchte zum Zoo.
Samira will Fußball spielen.

Tim geht in die Schule.
Jakob will im Park spielen.

2 Folge dem Weg. Wohin gehen die Kinder?

Lea geht geradeaus und biegt an der ersten Kreuzung nach links ab. Sie geht wieder geradeaus und über die nächste Kreuzung. Nun betritt sie das Haus auf der rechten Seite.

____

Muhammed geht geradeaus und biegt an der ersten Kreuzung rechts ab. Bei der nächsten Kreuzung geht er wieder nach rechts. Dann betritt er das Haus auf der linken Seite.

____

Theo geht bis zur zweiten Kreuzung geradeaus und biegt dann links ab. Er geht geradeaus weiter und über die nächste Kreuzung. Nun hat er auf der rechten Seite sein Ziel gefunden.

____

3 Suche selbst Wege und beschreibe sie deinem Partnerkind.

1 Elli steht auf 100. Folge den Pfeilen. Wo landet sie?

1	2	3	4	5	6	7	8	9	10
11	12	13	14	15	16	17	18	19	20
21	22	23	24	25	26	27	28	29	30
31	32	33	34	35	36	37	38	39	40
41	42	43	44	45	46	47	48	49	50
51	52	53	54	55	56	57	58	59	60
61	62	63	64	65	66	67	68	69	70
71	72	73	74	75	76	77	78	79	80
81	82	83	84	85	86	87	88	89	90
91	92	93	94	95	96	97	98	99	100

← ← ←
↑
← ←
↑ ↑ ↑
→ →
↓
→ →
↑ ↑

Sie landet auf Feld ____.

2 Markus steht auf 100. Folge den Pfeilen. Wo landet er?

1	2	3	4	5	6	7	8	9	10
11	12	13	14	15	16	17	18	19	20
21	22	23	24	25	26	27	28	29	30
31	32	33	34	35	36	37	38	39	40
41	42	43	44	45	46	47	48	49	50
51	52	53	54	55	56	57	58	59	60
61	62	63	64	65	66	67	68	69	70
71	72	73	74	75	76	77	78	79	80
81	82	83	84	85	86	87	88	89	90
91	92	93	94	95	96	97	98	99	100

←
↑ ↑ ↑ ↑ ↑
← ← ← ←
↓ ↓
← ← ← ←
↑ ↑ ↑
→ →
↑ ↑

Er landet auf Feld ____.

1 Arbeite mit der Hundertertafel. Beginne beim Startfeld.
Folge den Pfeilen.
Auf welcher Zahl landest du?

1	2	3	4	5	6	7	8	9	10
11	12	13	14	15	16	17	18	19	20
21	22	23	24	25	26	27	28	29	30
31	32	33	34	35	36	37	38	39	40
41	42	43	44	45	46	47	48	49	50
51	52	53	54	55	56	57	58	59	60
61	62	63	64	65	66	67	68	69	70
71	72	73	74	75	76	77	78	79	80
81	82	83	84	85	86	87	88	89	90
91	92	93	94	95	96	97	98	99	100

40 ↓ ↓ ← ← ↓ ← 67

19 ↑ ← ← ↓ → ↓ ☐

82 ↑ ↑ → → → ↓ → → ↑ ☐

55 → ↓ ↓ ← ← ← ↑ ↑ → ☐

100 ↑ ↑ ↑ ← ← ← ↑ ← ↑ ↑ ↑ → ↓ ☐

13 ↓ → ↑ ← ↓ → ↑ ← ↓ → ↑ ← ↓ → ↑ ← ↓ ☐

1 → → → ↓ ↓ ↓ ← ↑ → → ↓ ← ← ↑ ↑ ← ↑ ← ☐

1 Male die Felder in der Hundertertafel in den richtigen Farben an.

1									
									20
51									
91									

- ~~6~~, ~~46~~, 25, 65, 86
- 12, 84, 17, 78, 30
- 50, 95, 67, 54, 100
- 3, 92, 80, 21, 8
- 38, 98, 52, 33, 59

2 Beginne im grünen Kästchen und schreibe die Zahlen der Reihe nach auf.

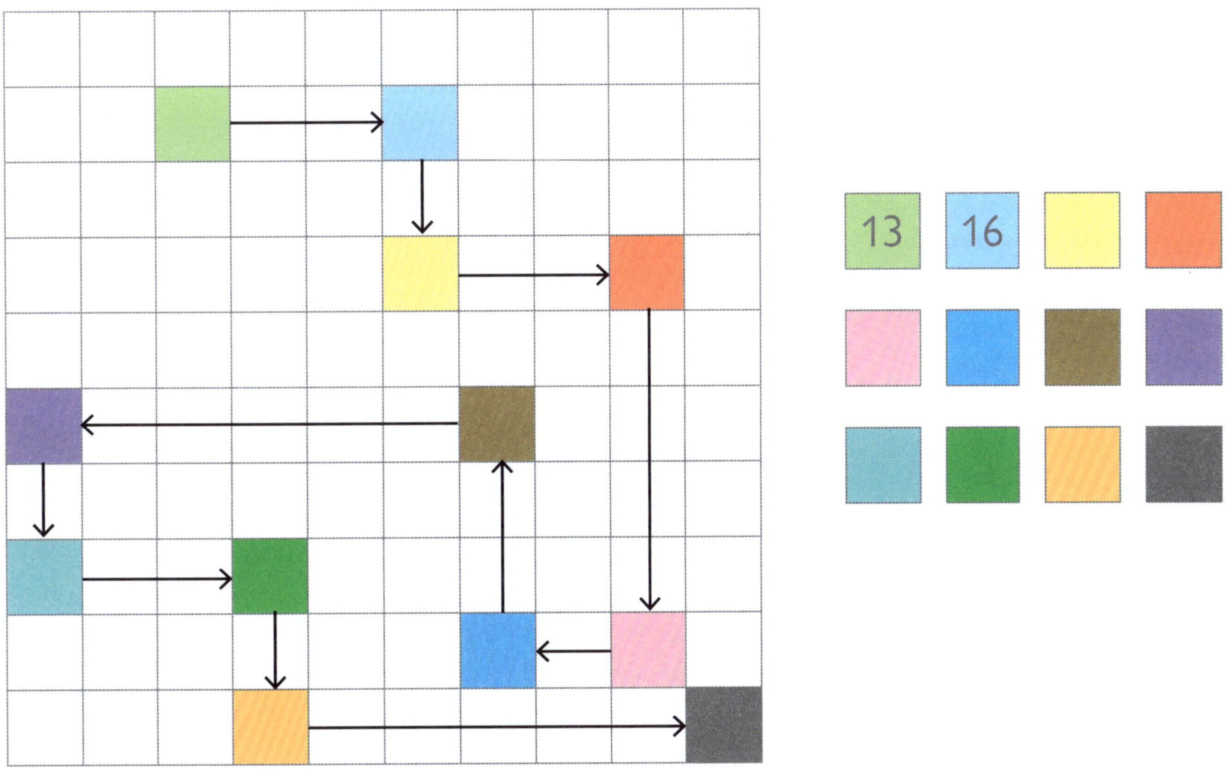

1 Setze die Muster fort und zeichne selbst.

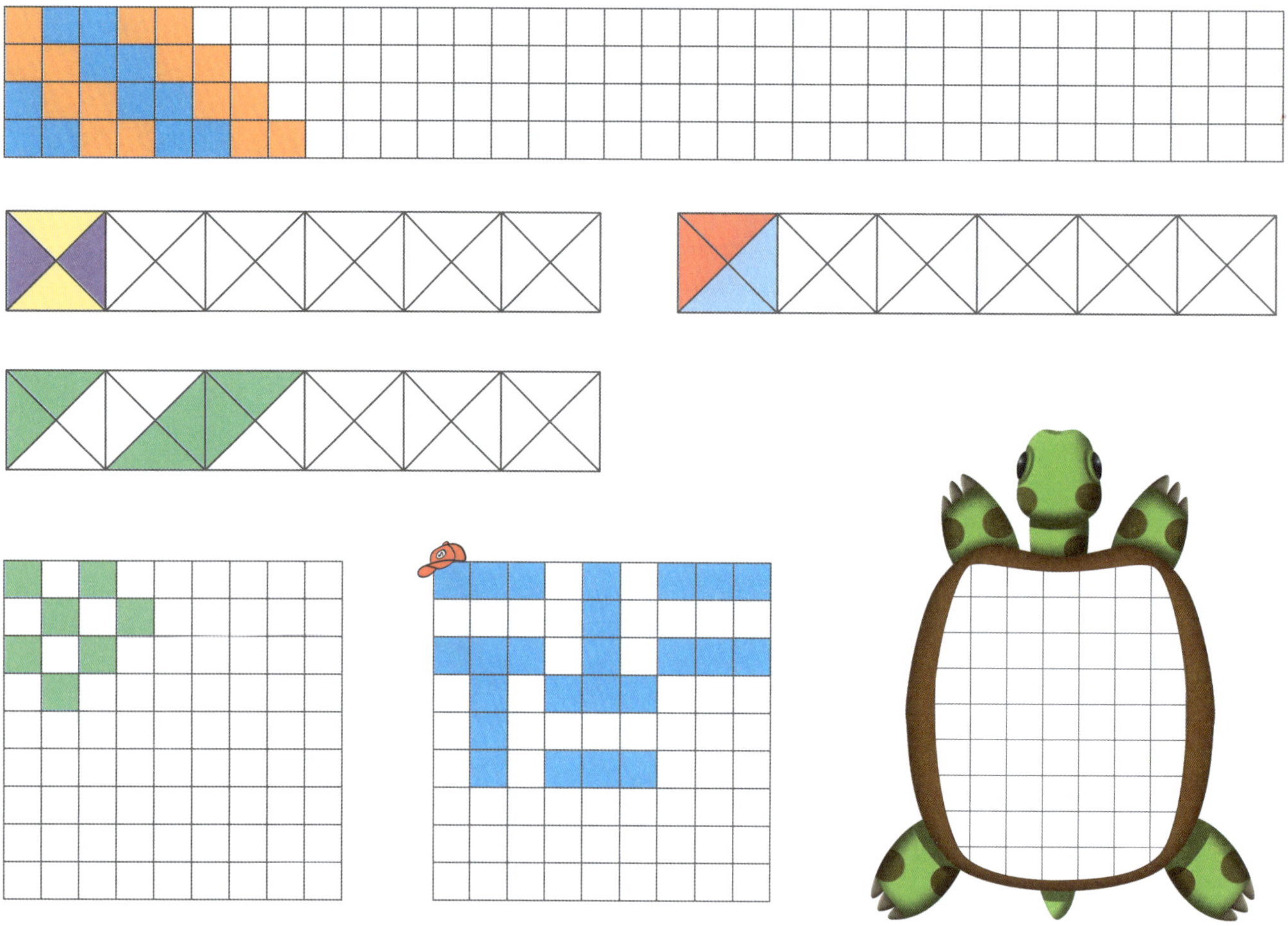

2 Male die Felder richtig an.

- rechte obere Ecke
- in der Mitte unten
- zwischen 3 und 9
- links von 5
- linke untere Ecke
- unterhalb von 6
- zwischen 1 und 3
- genau in der Mitte
- oberhalb von 4

1	2	3
4	5	6
7	8	9

3 Welches Muster gefällt dir am besten? Frag auch andere Kinder nach ihrem Lieblingsmuster und erstellt gemeinsam ein Klassenplakat.

Regelmäßigkeit eines Musters erkennen und fortsetzen | Muster erstellen | Fachbegriffe für die Orientierung zeichnerisch umsetzen | Lieblingsmuster auswählen | Umfrage durchführen und Plakat erstellen

Beim Zeichnen von **geraden Linien** hilft dir das Lineal.

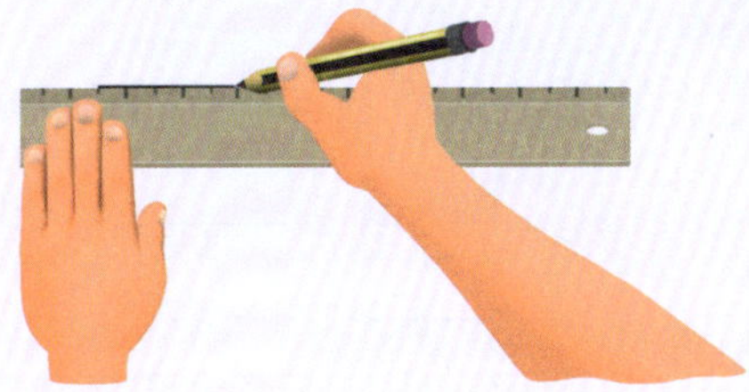

1 Ziehe die geraden Linien in verschiedenen Farben nach.

Mit gespitztem Stift arbeitest du genauer.

2 Verbinde immer zwei Punkte mit einer geraden Linie.
Zeichne mit gespitztem Bleistift und Lineal.

3 Ziehe die Linien nach.

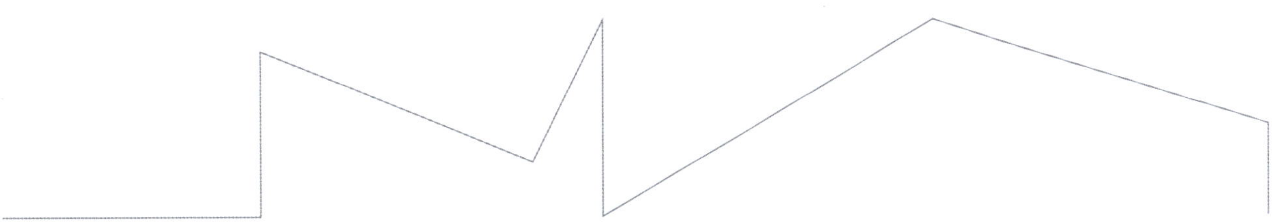

Eine **Strecke** hat einen Anfang und ein Ende.

1 Miss die Strecken mit dem Lineal.
Ziehe sie mit Buntstift nach.

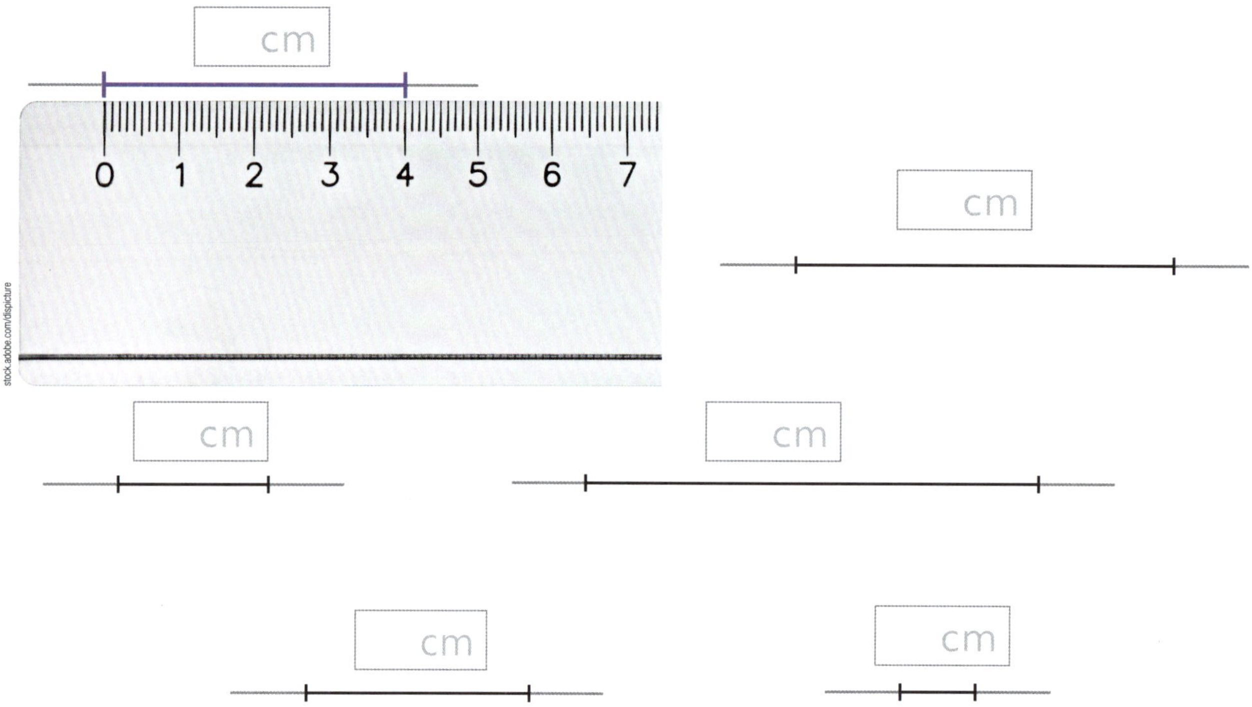

2 Miss die Strecken.

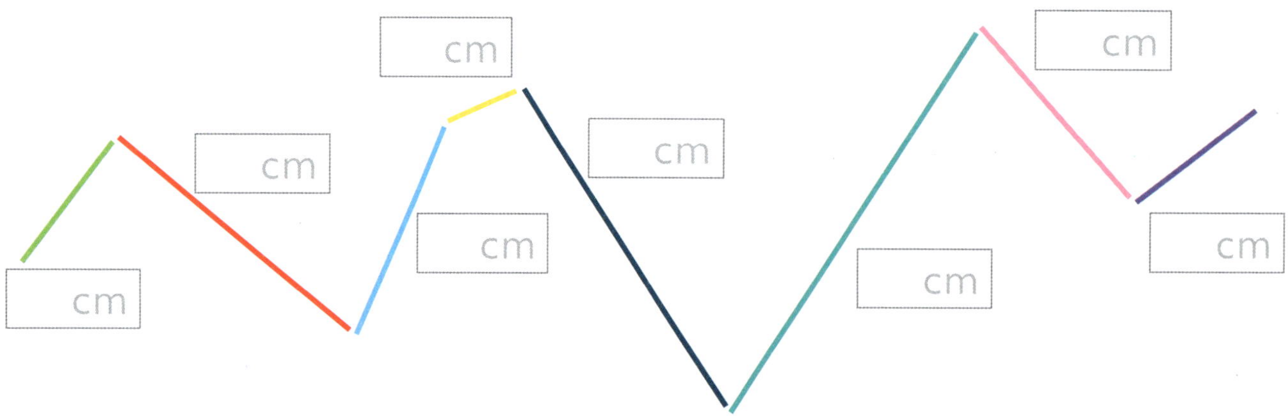

1 Zeichne Strecken mit der gegebenen Länge.
Schreibe immer die Länge dazu.

4 cm — 4 cm

5 cm

7 cm

3 cm

6 cm

1 cm

8 cm

2 Micks Bus fährt die gezeichneten Stationen ab.
Miss die Strecken und markiere die Stationen.

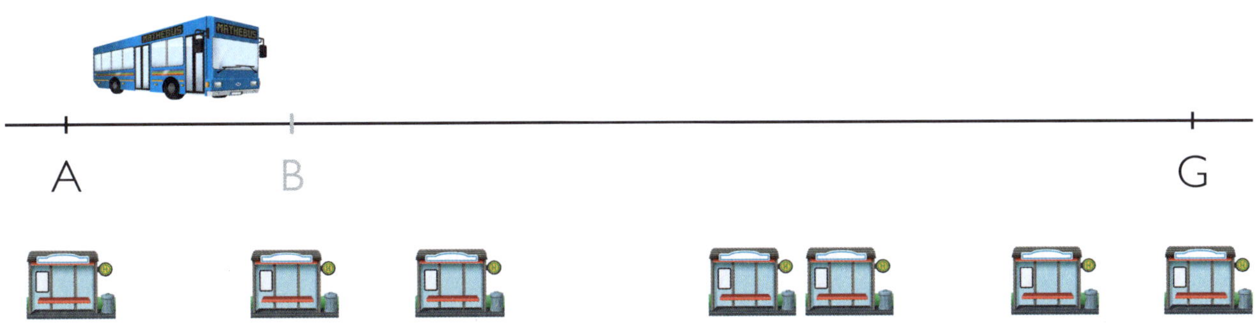

von A nach B: 3 cm	von D nach E: 1 cm
von B nach C: 2 cm	von E nach F: 3 cm
von C nach D: 4 cm	von F nach G: 2 cm

1 Verbinde mit dem Lineal und male die Formen an.

Die geschlossene Linie bildet den **Rand**.
Den **Bereich innerhalb** kannst du anmalen.

2 Ziehe den Rand der Formen blau nach.
Male die Bereiche innerhalb orange an.

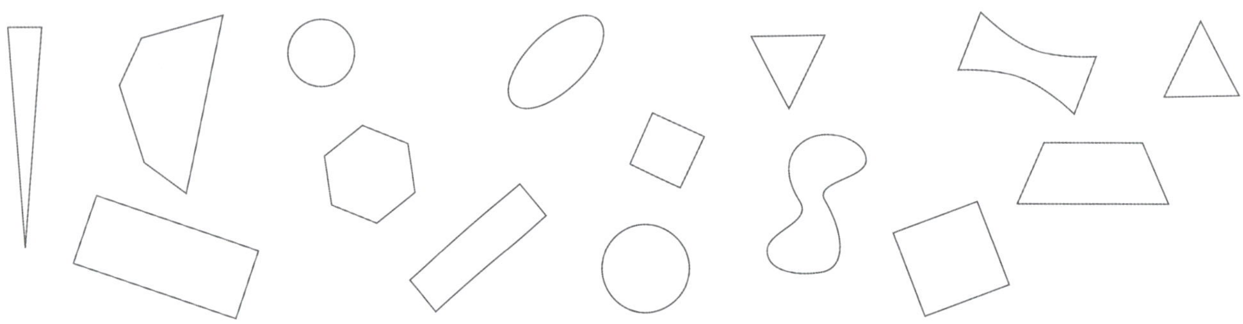

3 Wie viele verschiedene Formen entdeckst du?
Mache eine Strichliste und male die Figuren in den passenden Farben an.

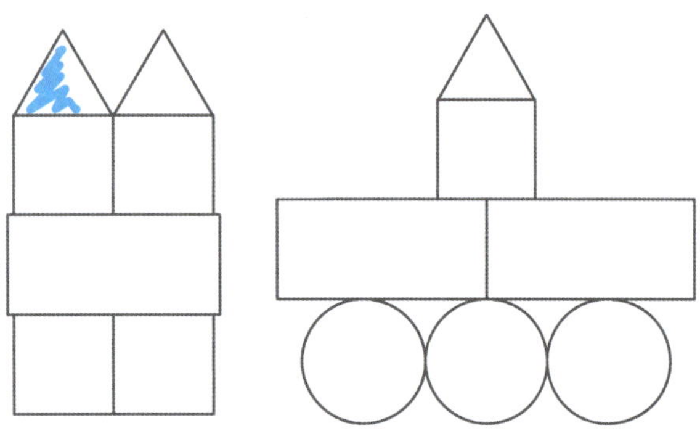

Figur 1				
Figur 2				

 Punkte zu Linien verbinden | Figuren anmalen | Geometrische Formen unterscheiden und zählen | Einfache Strichliste erstellen

1 Ordne die Begriffe zu.

Dreieck
Viereck
Kreis

2 Male die Vierecke an.

3 Verbinde die Punkte mit dem Lineal und zeichne verschiedene Rechtecke und Quadrate.

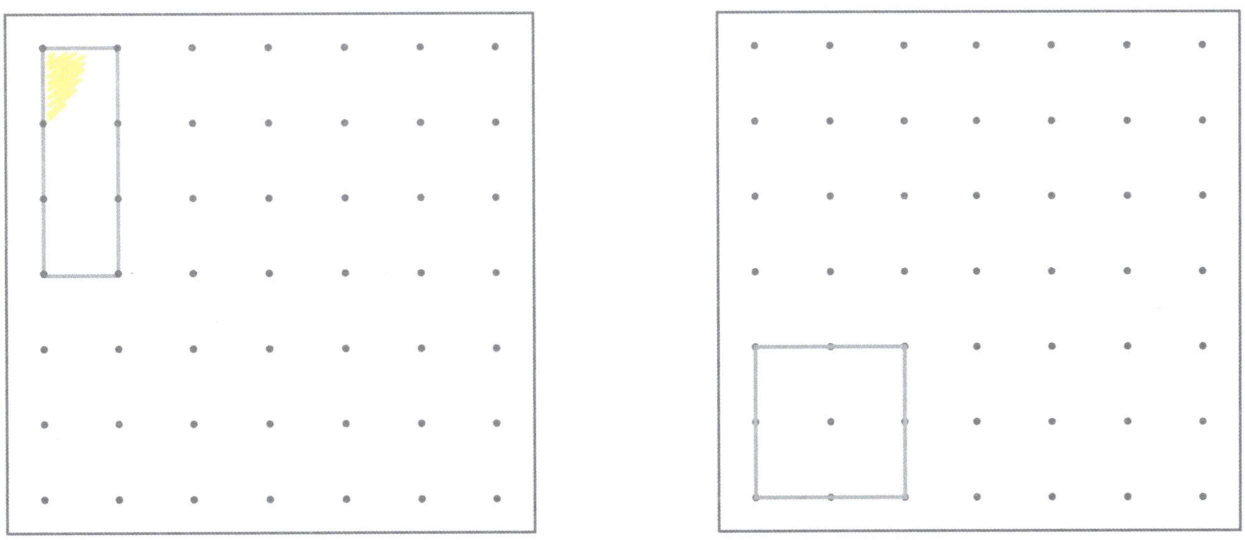

4 Male nun die Rechtecke und Quadrate an.

1 Welche Formen haben die Verkehrszeichen?
Male das Kästchen in der richtigen Farbe an.

- Dreieck
- Rechteck
- Quadrat
- Kreis

2 Achte auf deinem Schulweg auf Verkehrszeichen. Mache eine Umfrage in deiner Klasse, welche Verkehrszeichen am häufigsten vorkommen. Zeichne sie auf und erstelle eine Strichliste.

3 Lege das Feld mit dem Legematerial aus.
Wie viele gleiche Formen brauchst du jeweils?
Schreibe die Anzahl auf. Vergleicht miteinander.

4 Betrachte nun die Anzahl der verwendeten Formen.
Was fällt dir auf?

5 Findest du noch andere Möglichkeiten? Lege das Feld bei Nummer 2 mit verschiedenen Formen aus.
Mache eine Skizze. Vergleiche mit einem Partnerkind.

1 Falte und schneide entlang der Linien. Was fällt dir auf?

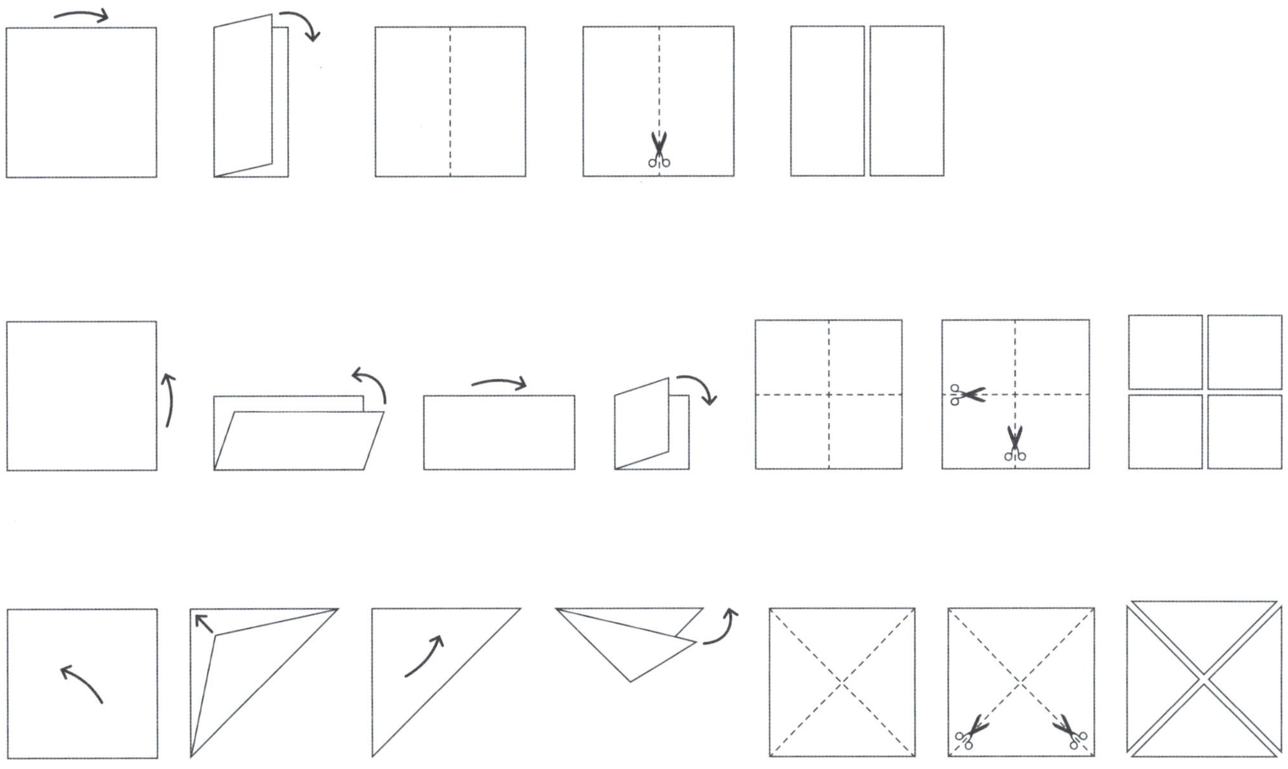

2 Wie oft kannst du das Papier in die Hälfte falten? Besprecht.

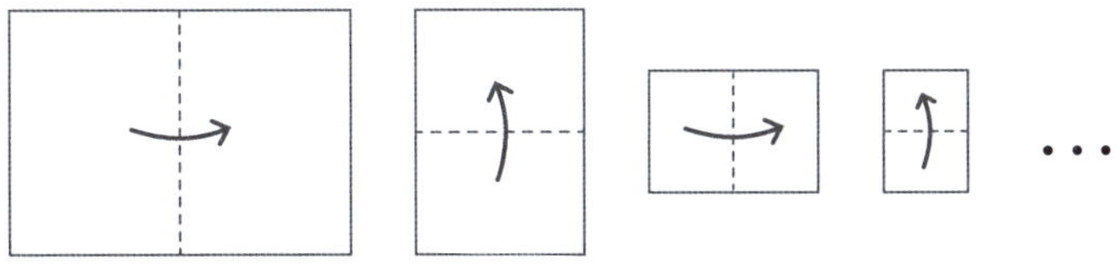

Ich habe es ☐-mal geschafft.

3 Lege nach und finde eigene Muster.

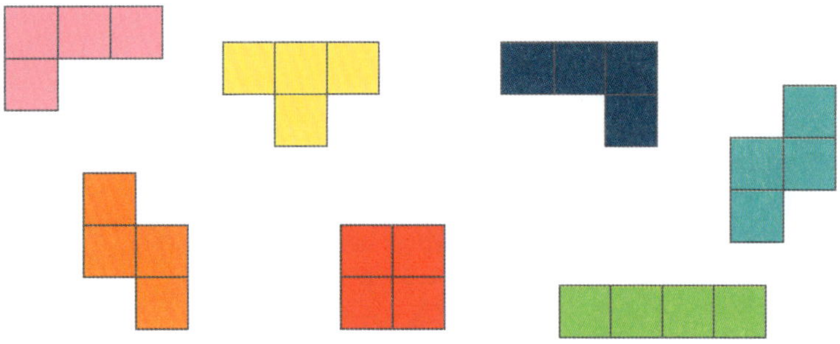

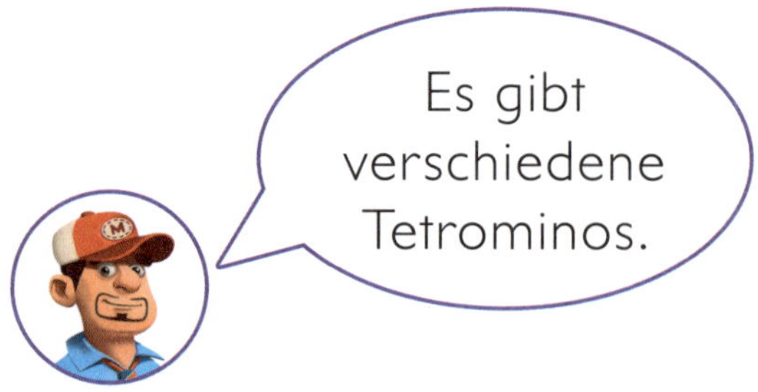

1 Lege die Figuren nach.

2 Lege mit deinen Tetrominos eigene Figuren oder Formen.

3 Lege die Flächen mit Tetrominos aus. Welche Möglichkeiten findest du? Vergleiche mit anderen Kindern.

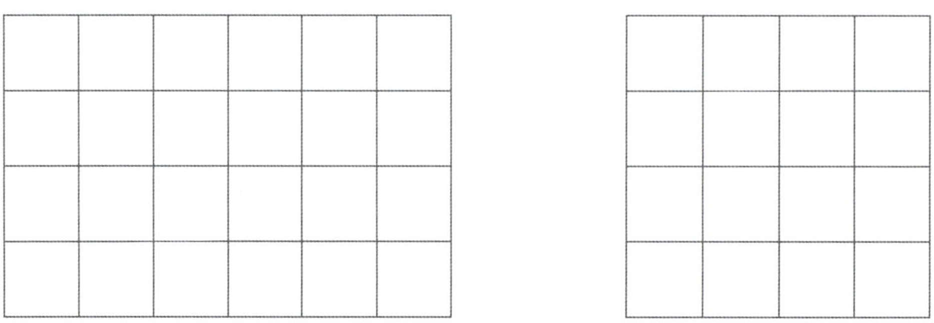

38
39

Hier siehst du geometrische Körper. Welche kennst du?

Würfel Quader Kugel Pyramide Zylinder

1 Bemale den Rahmen in der richtigen Farbe.

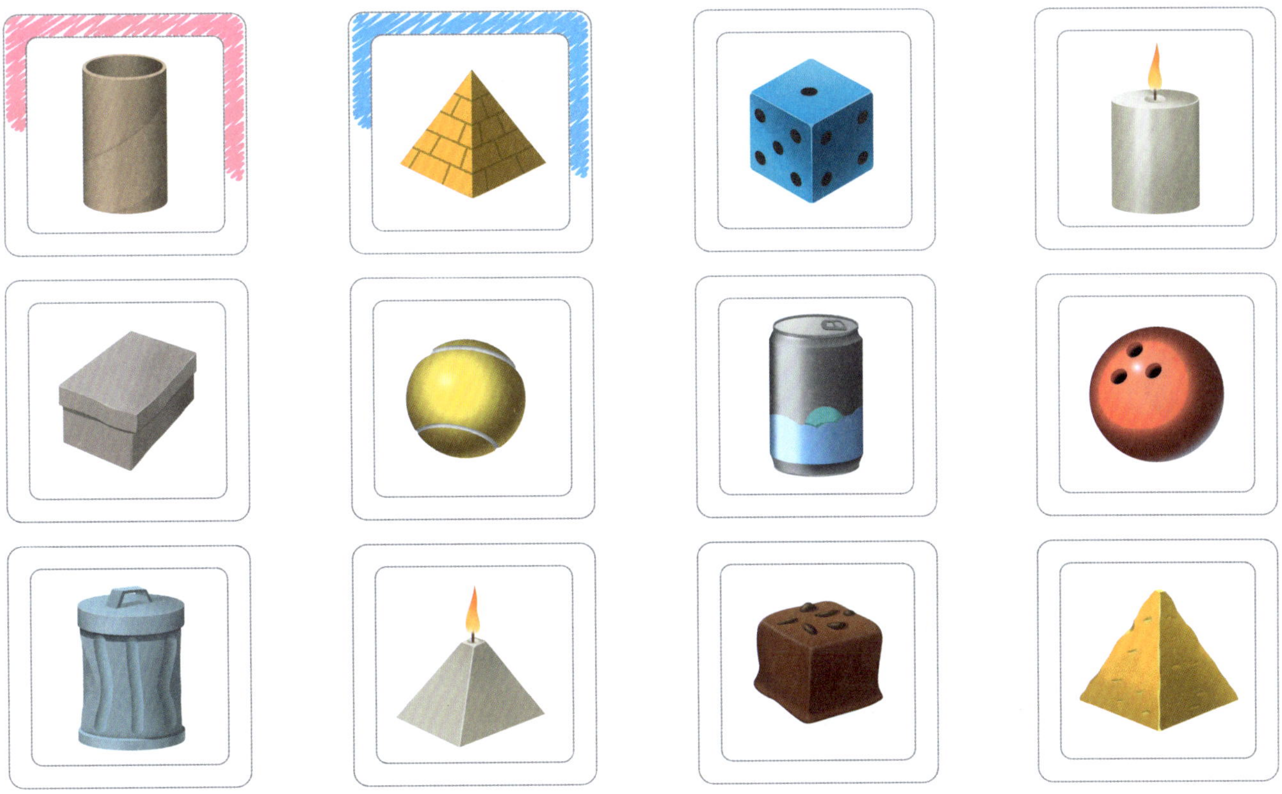

2 Welche Körper entdeckst du mit deinem Partnerkind im Klassenzimmer? Besprecht.

1 Verbinde.

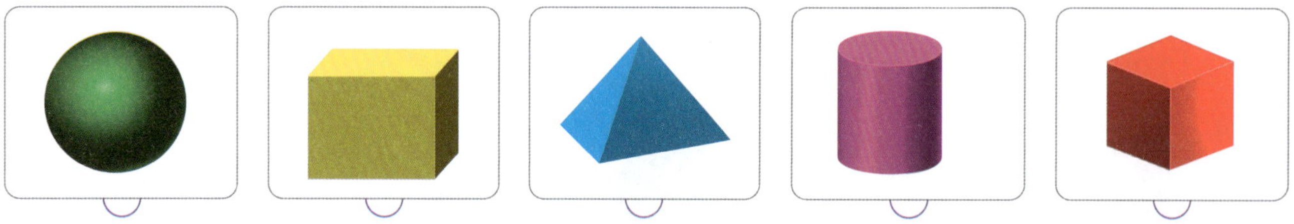

Quader	Pyramide	Kugel	Würfel	Zylinder

2 Zähle die Körper und erstelle eine Strichliste.

Würfel	Quader	Kugel	Pyramide	Zylinder

3 Welchen geometrischen Körper magst du am liebsten?
Begründe deine Wahl. Vergleiche deine Wahl mit anderen Kindern.

Geometrische Körper unterscheiden und Fachbegriffe zuordnen | Geometrische Körper mit Alltagsgegenständen in Beziehung bringen | Körper unterscheiden und zählen | Strichliste erstellen | „Lieblingskörper" auswählen, begründen und mit anderen Kindern vergleichen

1 Untersuche verschiedene Körper. Welche können rollen? Welche können kippen? Welche kann man stapeln? Besprecht.

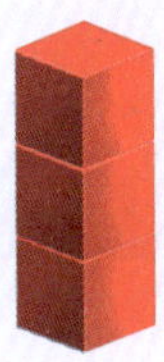
stapeln

kippen

rollen

2 Was kannst du mit den Körpern machen? Kreuze an.

stapeln			
kippen			
rollen			

3 Was ist nicht möglich? Streiche durch und begründe.

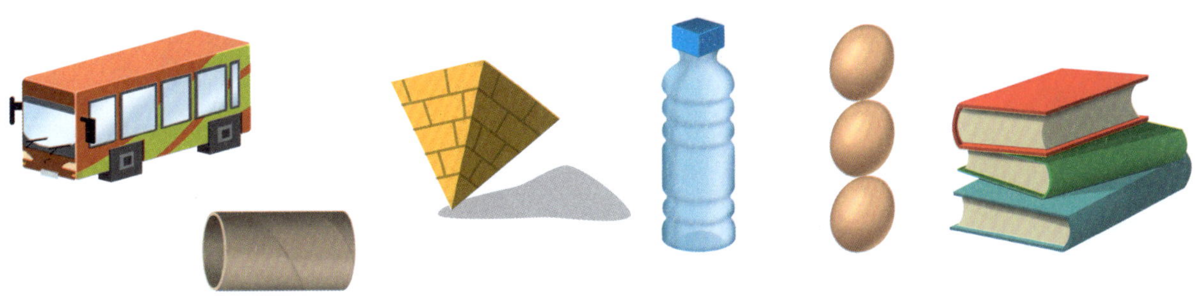

1 Bella, Tim und Mick schauen sich den Mathebus genau an.
Wer kann was sehen? Ordne die Bilder richtig zu.

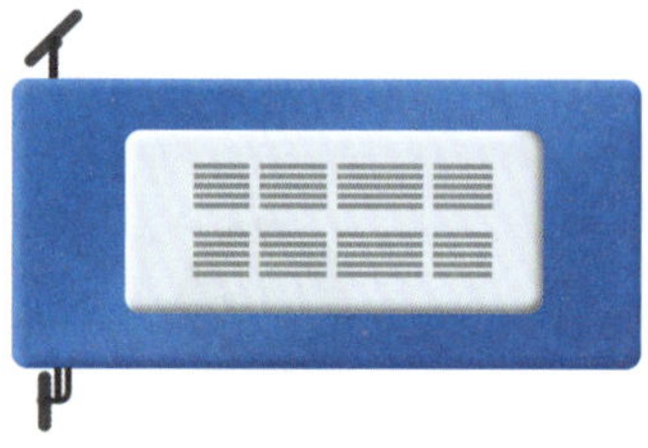

Bella

Bild bietet Sprechanlass, um unterschiedliche Ansichten zu besprechen | Die Bilder den Personen zuordnen

1 Von wo aus siehts du … ? Von vorne (V), von der Seite (S) oder von oben (O)? Trage ein.

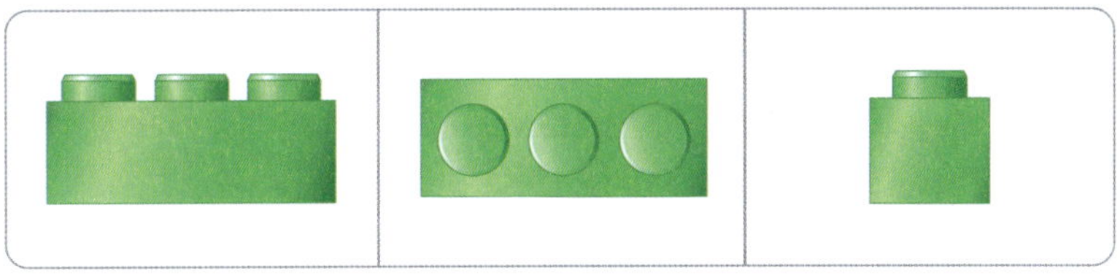

V | O |

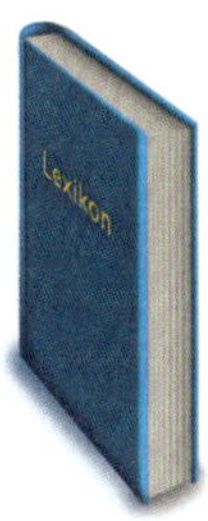

2 Fertige eigene Skizzen aus den jeweiligen Blickrichtungen an.

1 Zähle die Würfel. Baue nach. Baue auch eigene Würfeltürme.

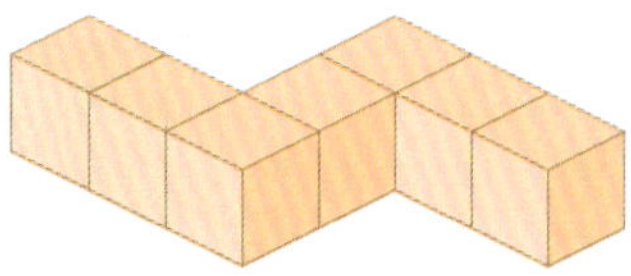

7

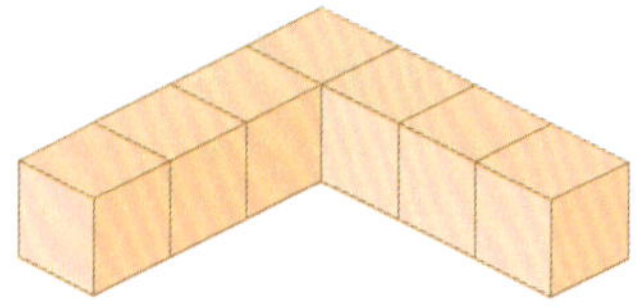

☐

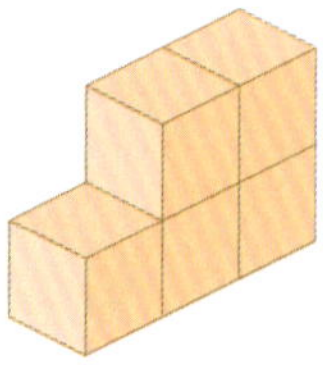

☐

☐

☐

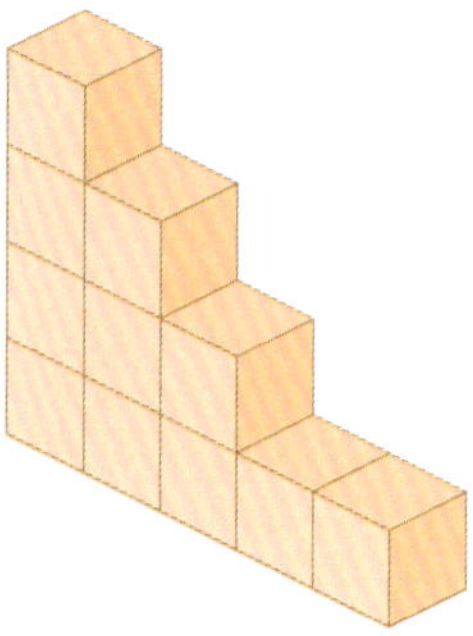

☐

2 Welche Türme kannst du aus 12 Würfeln bauen? Baue nach. Kreuze an.

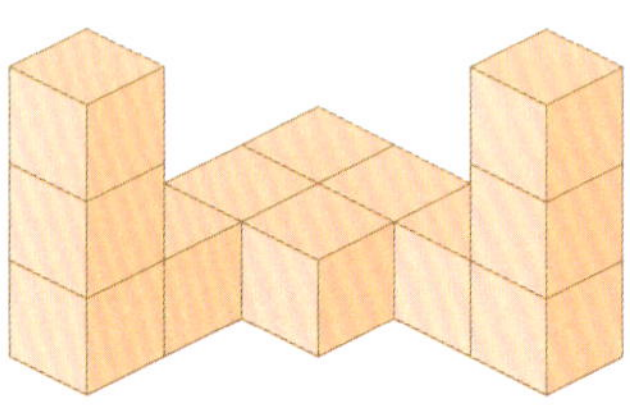

X

☐

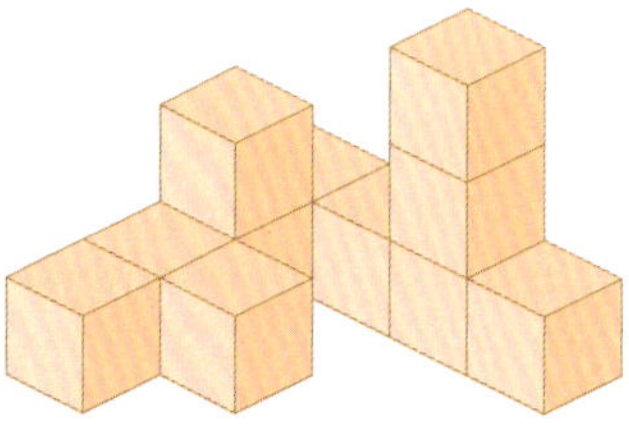

☐

☐

3 Welche Türme kannst du aus 15 Würfeln bauen? Baue nach. Kreuze an.

☐

☐

☐

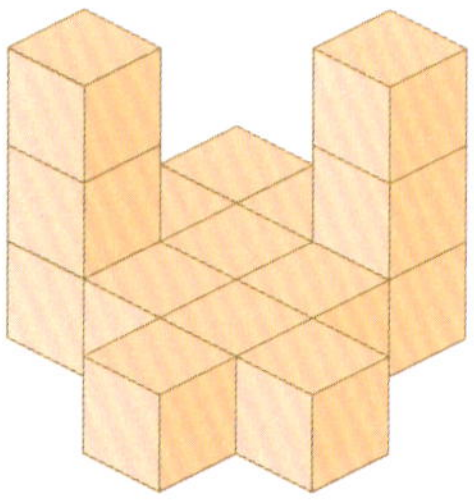

☐

1 Baue und zähle die Würfel. Baue eigene Würfeltürme.

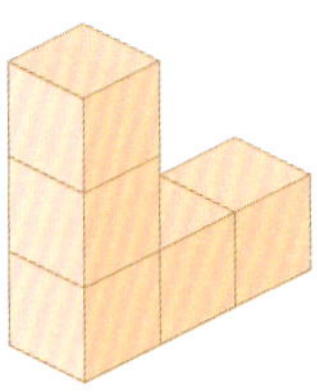

3	1	

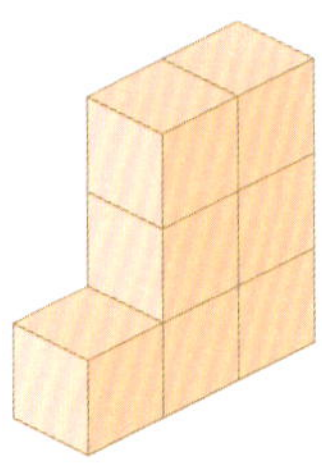

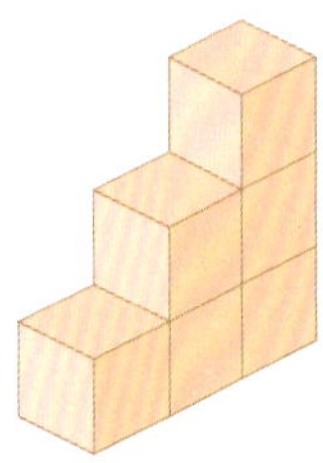

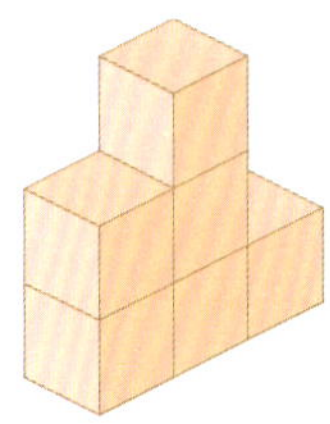

2 Baue und zähle die Würfel. Verbinde.

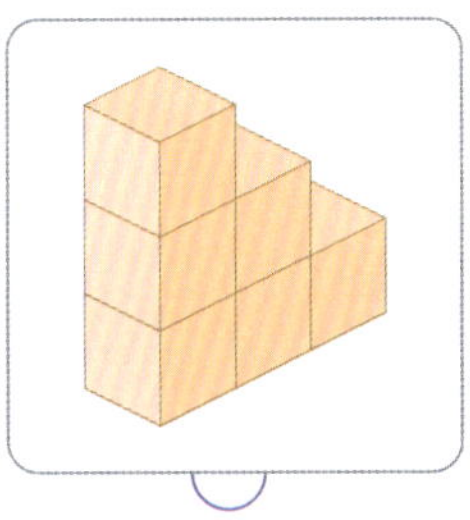

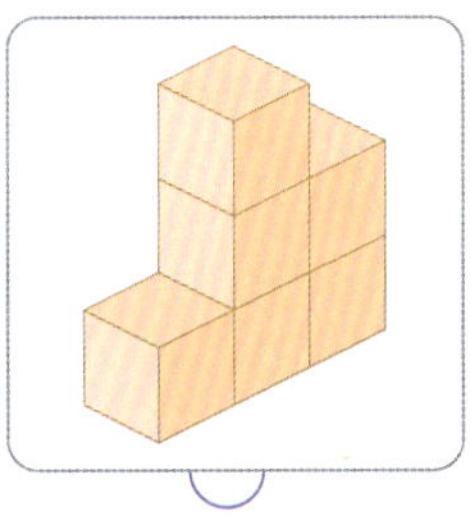

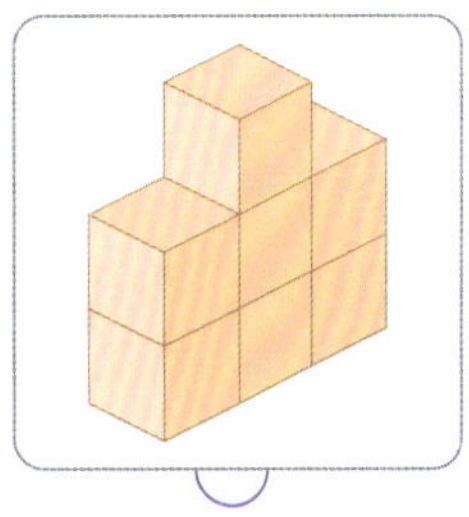

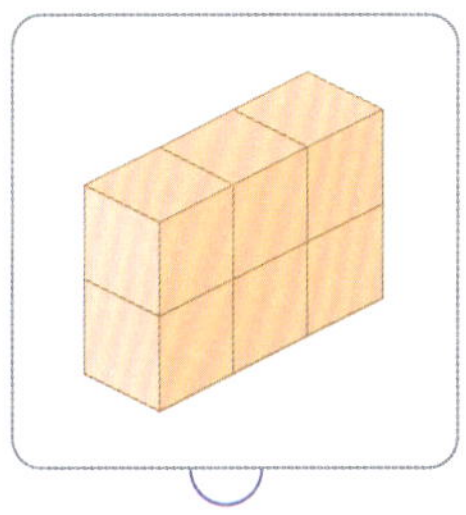

2	3	2

2	2	2

3	2	1

1	3	2

1 Finde die Fehler in den Bauplänen.
Du kannst die Würfeltürme auch nachbauen.

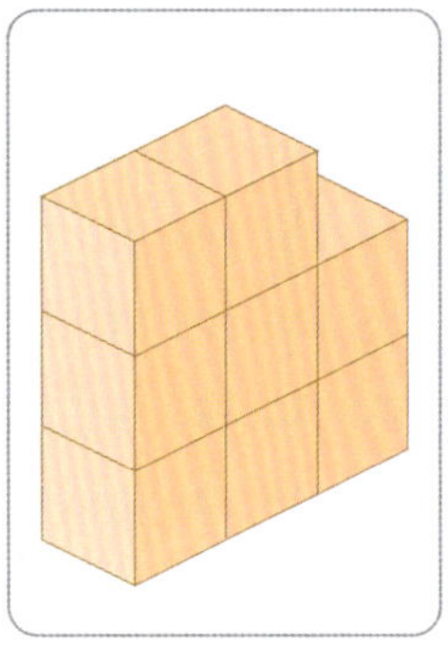

3	3	~~1~~ 2

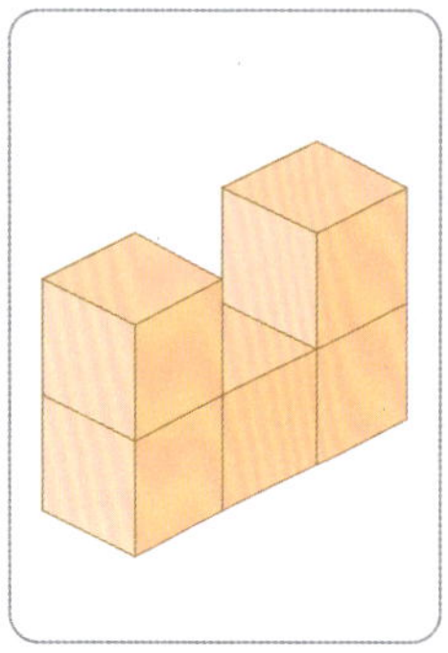

2	2	2

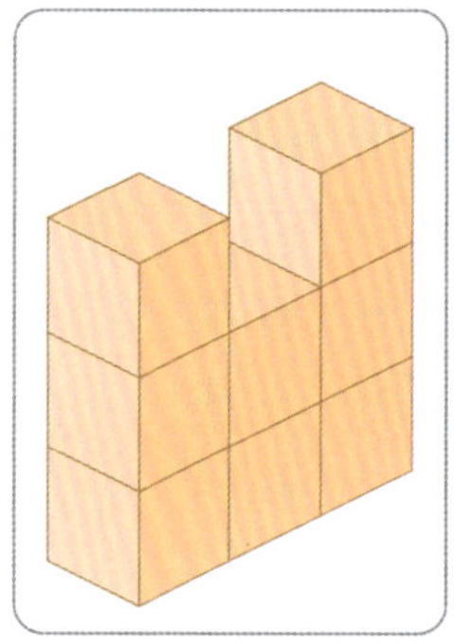

3	1	3

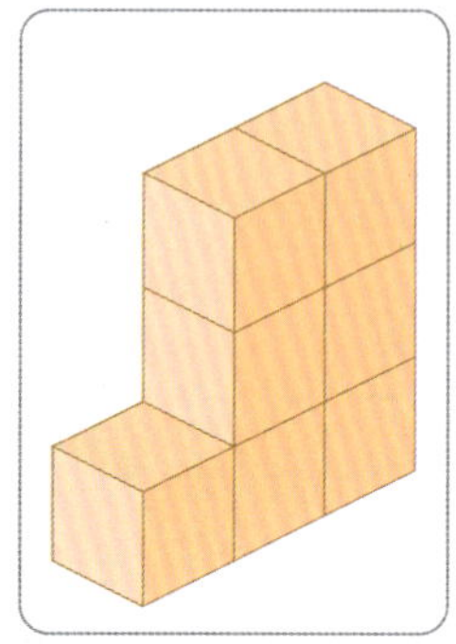

1	2	3

2 Lass ein anderes Kind ein einfaches Bauwerk bauen.
Schreibe den Bauplan.
Tauscht dann die Rollen.

3 Baue und zähle die Würfel.

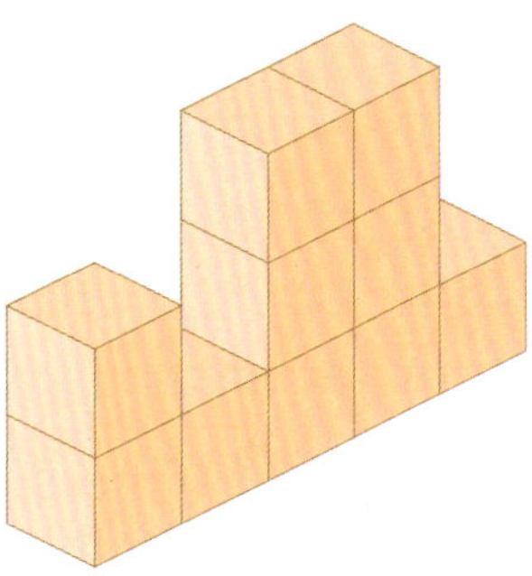

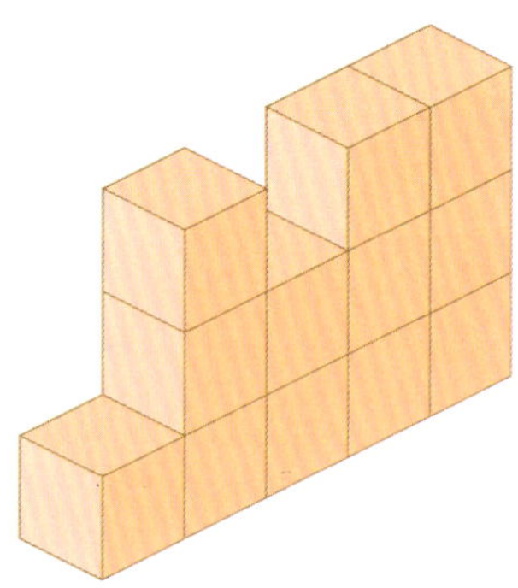
